BEI GRIN MACHT SICH IHR WISSEN BEZAHLT

- Wir veröffentlichen Ihre Hausarbeit, Bachelor- und Masterarbeit

- Ihr eigenes eBook und Buch - weltweit in allen wichtigen Shops

- Verdienen Sie an jedem Verkauf

Jetzt bei www.GRIN.com hochladen und kostenlos publizieren

Bibliografische Information der Deutschen Nationalbibliothek:

Die Deutsche Bibliothek verzeichnet diese Publikation in der Deutschen National-
bibliografie; detaillierte bibliografische Daten sind im Internet über http://dnb.d-
nb.de/ abrufbar.

Impressum:

Copyright © 2019 GRIN Verlag
Druck und Bindung: Books on Demand GmbH, Norderstedt Germany
ISBN: 9783668944763

Dieses Buch bei GRIN:

https://www.grin.com/document/468693

Lena-Johanna Schmidt

Quartiersbezogene Strategien. Pflege und Hilfe für Menschen im pflegebedürftigen Alter

GRIN Verlag

Schriftliche Ausarbeitung

„Pflege und Hilfe für Menschen im pflegebedürftigen Alter und die Option der quartiersbezogenen Strategien"

Lena-Johanna Schmidt

Abgabedatum: 07. Februar 2019

Modul: MP 105 – Wohlfahrtsstaatstheorien und Soziale Dienste

Institut für Wirtschaftslehre des Haushalts und Verbrauchsforschung

Justus-Liebig-Universität Gießen

Inhaltsverzeichnis

I Abbildungsverzeichnis

1 Einleitung

Abbildungen zum demografischen Wandel in Deutschland zeigen den Altersaufbau der Bevölkerung eines Jahres des vergangenen Jahrhunderts im Vergleich zu den aktuellen Daten (Statistisches Bundesamt (Hrsg.) 2015, S. 18). *Abbildung 1* bildet die Altersstruktur in Deutschland von 2013 (schwarz) im Vergleich zu prognostizierten Daten für das Jahr 2060 (gelb/orange) ab. Die Abbildung ist gegliedert in die Gruppe der männlichen Personen auf der linken Seite und die der weiblichen Personen, auf der rechten Seite. Die *x-Achse* zeigt die Anzahl der Personen in einer Altersgruppe (in tausend Personen) und die *y-Achse* bildet die einzelnen Altersgruppen (in Jahren) ab (Statistisches Bundesamt (Hrsg.) 2015, S. 18).

Die Abbildung zeigt, dass bereits im Jahr 2013 eine deutliche Verschiebung der Häufigkeiten in Richtung der älteren Altersstufen stattgefunden hat. Der Verlauf verengt sich nach unten, in Richtung der jüngsten Generationen deutlich und bildet eine Form, die häufig als „Urnenform" bezeichnet wird. Die Prognose für das Jahr 2060 macht deutlich, dass selbst bei stärkerer Zuwanderung eine Verschmälerung in den unteren Altersstufen stattfindet. Der demografische Wandel, der hier deutlich wird, stellt die betroffene Gesellschaft vor Herausforderungen und Folgen, die vor allem durch ihren Verbrauch von Ressourcen entstehen (Statistisches Bundesamt (Hrsg.) 2015; Klie 2012, S. 125).

Thomas Klie, ein Rechts- und Verwaltungswissenschaftler, der sich an mehreren Instituten der evangelischen Hochschule Freiburg mit dem Thema Gerontologie befasst, verfasste im Jahr 2012 den Text „Rahmenbedingungen quartiersbezogener Strategien für ein Leben im pflegebedürftigen Alter" (Klie 2012; Kirchhoff o.J.). Der Text befasst sich mit den Themen demografischer und sozialer Wandel sowie deren Einfluss auf Nachbarschaften und wie Nachbarschaften und damit zusammenhängende quartiersbezogene Strategien – vor allem bei der Pflege älterer Personen – Einfluss nehmen können. Die Grundlage für diesen Text bildet dabei seine Forschung an genannter Hochschule (Klie 2012, S. 123).

Der soziale Wandel verschärft die Folgen des demografischen Wandels – besonders auf die Pflege älterer Personen – hinsichtlich der Ressourcen zur Unterstützung im „familialen Kontext" (Klie 2012, S. 127). Er fasst soziologische Faktoren zusammen und wird durch den Wertewandel, die Entwicklung der Lebensentwürfe und die Zusammensetzung der Gesellschaft bedingt (Klie 2012, S. 126). Erkennen lässt sich der soziale Wandel an Veränderungen in den sozialen Milieus einer Gesellschaft. Während 1992 das sogenannte *Unterschichtmilieu* einen großen Teil (> 40 %) der Bevölkerung ausmacht, nehmen die *Mittelschicht* und das *bürgerliche Milieu* in den folgenden Jahren deutlich zu und liegen 2004 zusammen bei über 70 % (Blinkert und Klie 2008).

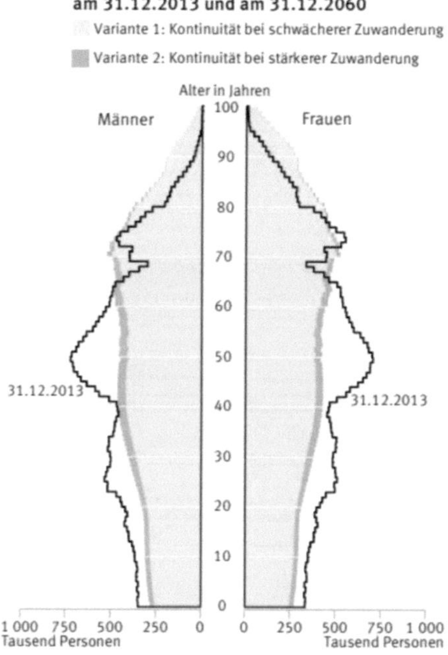

Abbildung 1: Altersaufbau der Bevölkerung in Deutschland 1990 vs. 2016. (Quelle: Statistisches Bundesamt (Hrsg.) 2015, S. 18)

Je nach Milieu wird eine andere Form der Versorgung pflegebedürftiger Personen präferiert. Das Unterschichtmilieu bevorzugt die häusliche Versorgung – vor allem ohne professionelle Hilfe, während die Mittelschicht eher professionelle Hilfe bei der häuslichen Versorgung in Anspruch nimmt, beziehungsweise nehmen möchte. Die stationäre Versorgung macht im bürgerlichen Milieu einen wesentlich größeren Anteil aus, als in den Milieus darunter. Die Präferenz für die häusliche Versorgung mit und ohne professionelle Hilfe bleibt jedoch mit Angaben von insgesamt 66 % bestehen (Blinkert und Klie 2008, S. 27).

Mit den sozialen Milieus ist die sogenannte *Nah- und Fernraumsolidarität* korreliert. Dabei bezeichnet *Nahraumsolidarität* die Bereitschaft, innerhalb von Familien beziehungsweise einem geografischen und/oder sozialen *Nahraum* füreinander zu sorgen und *Fernraumsolidarität* ein freiwilliges Engagement im öffentlichen Bereich. Ein niedriger sozialer Status und ein „vormoderner" Lebensentwurf gehen meist mit einer ausgeprägten *Nahraumsolidarität* einher (Klie 2012, S. 127).

Im Hauptteil dieser Arbeit werden Nachbarschaften anhand des Textes von Klie und dessen Forschungsfragen betrachtet und wie diese mit Hilfe quartiersbezogener Strategien auf die Pflege älterer Personen einwirken und die Folgen des demografischen und des sozialen Wandels abschwächen können.

2 Quartiersbezogene Strategien nach Klie

Der in Kapitel 1 erläuterte demografische und soziale Wandel wirkt sich laut Klie auf allen Ebenen der Gesellschaft aus (Klie 2012, S. 123). Zu diesen Ebenen zählen auch die Nachbarschaften und sozialen Quartiere. Die vorwiegenden Fragen, die Klie in seiner Abhandlung stellt, sind „Wie gelingt es, den Zusammenhalt der Gesellschaft, letztlich ihre Integrationsfähigkeit zu erhalten und zu fördern?" und „Wie kann das Verhältnis der Generationen neu konfiguriert werden, um im Kontext einer Menschenrechtskultur menschenfreundliche Lebensbedingungen heute und morgen zu schaffen und zu erhalten?" (Klie 2012, S. 123). Als Antwort werden die Nachbarschaften und die quartiersbezogenen Ansätze genannt, in denen pflegebedürftige Personen aufgefangen werden sollen (Klie 2012, S. 123).

Klie prognostiziert anhand der Pflegestatistik aus dem Jahr 2007 des statistischen Bundesamtes für die Zeit bis 2020 einen deutlichen Anstieg der pflegebedürftigen Personen in Deutschland mit einem theoretischen zusätzlichen Bedarf von über zwei Millionen Pflegeheimplätzen (Klie 2012, S. 129). Aufgrund von möglichen Rationierungen und erschwerter Integration und Teilhabe der Pflegebedürftigen, die daraus folgen könnten, gibt er an, dass die „Antwort *Pflegeheim*" nicht die einzige Reaktion auf den steigenden Pflegebedarf sein darf (Klie 2012, S. 129). Hinzu kommt die Prognose für das Jahr 2050 für das sogenannte „informelle Pflegepotential" und für die Zahl der Pflegebedürftigen. Dabei bezeichnet „informelles Pflegepotential" die für Pflegeaufgaben zur Verfügung stehenden Angehörigen. Hier zeigt sich eine Scherenentwicklung, da sich die Zahl der Pflegebedürftigen laut Prognose bis 2050 verdoppeln wird, während das „informelle Pflegepotential" auf 60 % seines derzeitigen Niveaus sinkt (Blinkert und Klie 2008, S. 25).

Der in *Abbildung 2* dargestellte Vergleich der Pflegestatistiken aus den Jahren 2007 und 2017 zeigt einen deutlichen Anstieg der pflegebedürftigen Personen (Statistisches Bundesamt (Hrsg.) 2008, 2018). Jedoch wird auch deutlich, dass relativ gesehen mehr Menschen zuhause (mit und ohne professionelle Pflege) versorgt werden und weniger in Heimen. Trotzdem ist neben der Anzahl der ambulanten Dienste und deren Beschäftigten auch die Anzahl an stationären Einrichtungen in einem ähnlichen Maß gestiegen (Statistisches Bundesamt (Hrsg.) 2008, 2018).

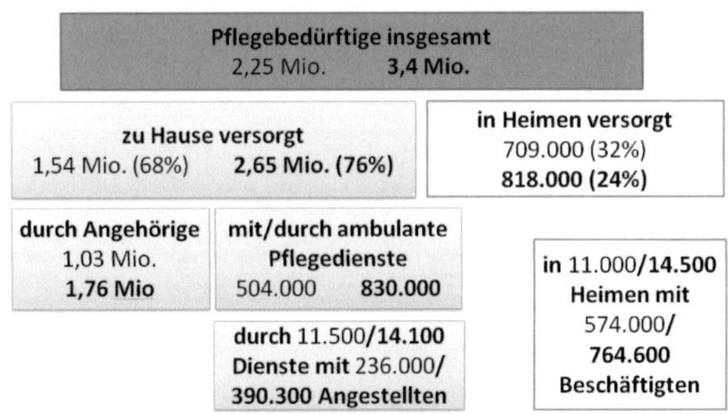

Abbildung 2: Vergleich der Pflegestatistiken aus den Jahren 2007 **und 2017. (Eigene Darstellung nach: Statistisches Bundesamt (Hrsg.) 2008, S. 12, 2018, S. 16)**

Nachbarschaften rücken laut Klie immer häufiger in den Blick der (Kommunal-)Politik und Planern/Planerinnen von sozialen Quartieren (Klie 2012, S. 124). Die örtlichen Gemeinschaften unterscheiden sich vor allem in ihren „Interaktionsdichten und Bindungsqualitäten" und können sehr heterogene Formen ausbilden, die sich von „aufmerksamen" bis hin zu „achtlosen" Nachbarschaften erstrecken. Ein auf die Form und Funktion der Nachbarschaft Einfluss nehmender Faktor ist die *Milieuhomogenität* (Klie 2012, S. 123–124). Durch den demografischen und sozialen Wandel und dem damit einhergehenden Anstieg von Ein-Personen-Haushalten und der Abnahme der geografischen Nähe von Verwandten, nimmt die Bedeutung der Nachbarschaften wieder zu. Sie können möglicherweise die Sehnsucht in der Gesellschaft nach einem neuen Gemeinschaftsgefühl befriedigen (Klie 2012, S. 124).

Die Nachbarschaften werden im Modell des „*Welfare Mix*" beziehungsweise des „Wohlfahrtspluralismus" als *dritter Sektor* oder als *Caring Community* bezeichnet (Dörner 2007; Klie 2012). Dieser „Sektor der Freiwilligen" unterstützt das Zusammenwirken des staatlichen, des marktlichen und des familialen Sektors in der Sorgearbeit (Dörner 2007; Klie 2012, S. 131–132).

Weder der Staat noch die Familien sind dazu in der Lage, die Sorge- oder *Care*-Arbeit alleine zu leisten und sind auf ein funktionierendes Zusammenspiel der Sektoren angewiesen (Klie 2012, S. 131). Der Staat gibt in diesem Modell die Rahmenbedingungen und Regeln vor, tritt als „Ausfallbürge" ein und trägt die Verantwortung, eine hohe Qualität sicherzustellen (Klie

2012, S. 131). Der Markt bietet Dienstleistungen und Angebote und unterstützt die Familien, welche weiterhin als zentrale Institution der *Care*-Arbeit gilt (Klie 2012, S. 131).

Die Aufgaben müssen fair zwischen professionellen Pflegekräften, Familien und Freiwilligen sowie im Generationen- und Geschlechterverhältnis aufgeteilt sein (Klie 2012, S. 130). Dazu ist es unter anderem nötig, dass die gewohnten Rollenbilder und das traditionelle Aufgabenverständnis aufgehoben werden (Klie 2012, S. 131). Besonders Menschen mit geringer (sozialer) Kapitalausstattung müssen berücksichtigt werden, da sie häufig von „Desintegration" bedroht sind. An diesen Personen zeigt sich auch die Qualität der *Caring Community* (Klie 2012, S. 131).

Der Wohlfahrtspluralismus wird im Quartiers- und Nachbarschaftsbezug angewendet (Klie 2012). Bislang handelt es sich bei diesen Ansätzen jedoch um Projekte mit Modellcharakter in einzelnen Kommunen (Klie 2012, S. 133). Klie zählt in seiner Abhandlung einige Punkte auf, die erfüllt werden müssen, um die quartiersbezogenen Ansätze aus der Modellphase heraus zu lösen. Dazu gehören ein „wertschätzendes gesellschaftliches Umfeld", eine „tragende soziale Infrastruktur", „generationengerechte räumliche Infrastrukturen", „bedarfsgerechte Wohnungsangebote", eine Strukturreform der Pflegeversicherung sowie Kommunen, die ausreichende Ressourcen und Kompetenzen zur Verfügung stehen haben (Klie 2012, S. 133–134).

3 Diskussion und Fazit

Der in Kapitel 2 ausgeführte Text stammt, wie bereits in der Einleitung erwähnt, aus dem Jahr 2012 (Klie 2012). Verschiedene Daten und Zahlen sowie der Stand der 1994 eingeführten Pflegeversicherung, die seither mehrfach überarbeitet worden ist, entsprechen nicht mehr dem aktuellen Stand der Forschung (Klie 2012, S. 127–128; Statistisches Bundesamt (Hrsg.) 2018). Es existieren Studien aus den Folgejahren zum Quartiersmanagement, welche sich jedoch meist auf Einzelprojekte beziehen (Ayaydinli et al. 2017; Hamedinger 2002; Quartiersmanagement Körnerpark (Hrsg.) 2015). Laut ihnen zahlt sich das Quartiersmanagement aus. Der Studienaufbau ist heterogen und schwer vergleichbar. Dadurch fehlt ein Gesamtüberblick, den man benötigt, um eine fundierte Aussage zur Wirksamkeit von Quartiersmanagement im Allgemeinen zu treffen und das Konzept abschließend zu beurteilen (Ayaydinli et al. 2017; Quartiersmanagement Körnerpark (Hrsg.) 2015). Des Weiteren befindet sich das Quartiersmanagement noch immer in einer Modellphase und ist nicht zum Standard geworden (Ayaydinli et al. 2017).

Zu den Modellprojekten lassen sich beispielsweise virtuelle Nachbarschaften, das Gemeinschaftswohnen in „Mehrgenerationenhäusern" oder „Alten-WGs" sowie das Projekt der *„retirement villages"* aus Großbritannien zählen (Klie 2012, S. 124).

Problematisch ist der Einsatz von Nachbarn und Freiwilligen jedoch besonders bei Pflegebedürftigen mit einer hohen Pflegestufe. Zwar können sie haushaltsnahe Dienstleistungen übernehmen, für pflegerische Tätigkeiten sind sie jedoch meist nicht ausgebildet (Klie 2012). Das Problem des „Pflegenotstandes", das in Deutschland in den vergangenen Jahren in den Fokus gerückt ist und sich auf geschätzt etwa 25.000 - 30.000 unbesetzte Arbeitsstellen in der Pflege bezieht, lässt sich über die Hilfe von freiwilligen Personen nicht abschließend lösen (Bundesministerium für Gesundheit (Hrsg.) 2018).

Insgesamt sind der Nachbarschafts- und Quartiersbezug jedoch vielversprechende Ansätze, um pflegebedürftigen Personen im Alltag zu unterstützen und ihre soziale Teilhabe und Integration zu sichern und so die Familien und den Staat zu entlasten. Trotzdem ersetzen die Projekte weder die Altenhilfe noch Pflegeheime etc. (Hamedinger 2002).

4 Literaturverzeichnis

Ayaydinli, Özlem; Kersten, Ralf; Tiedemann, Lisa (2017): Integriertes Handlungs- und Entwicklungskonzept (IHEK) Quartiersmanagement Badstraße. Hg. v. L.I.S.T. – Lösungen im Stadtteil - Stadtentwicklungsgesellschaft mbH. Berlin. Online verfügbar unter https://digital.zlb.de/viewer/rest/image/16335330_2017/170607_IHEK_QM_Badstra%C3%9 Fe.pdf/full/max/0/170607_IHEK_QM_Badstra%C3%9Fe.pdf, zuletzt geprüft am 05.02.2019.

Blinkert, Baldo; Klie, Thomas (2008): Soziale Ungleichheit und Pflege. In: *Aus Politik und Zeitgeschichte : APuZ* 58 (12/13), S. 25–33.

Bundesministerium für Gesundheit (Hrsg.) (2018): Beschäftigte in der Pflege. Online verfügbar unter https://www.bundesgesundheitsministerium.de/themen/pflege/pflegekraefte/beschaeftigte.htm l, zuletzt aktualisiert am 20.03.2018, zuletzt geprüft am 05.02.2019.

Dörner, Klaus (2007): Leben und sterben, wo ich hingehöre. Dritter Sozialraum und neues Hilfesystem. Neumünster: Paranus-Verl. der Brücke Neumünster (Edition Jakob van Hoddis).

Hamedinger, Alexander (2002): Sozial-räumliche Polarisierung in Städten: ist das "Quartiersmanagement" eine geeignete stadtplanerische Antwort auf diese Sozial-räumliche Polarisierung in Städten: ist das "Quartiersmanagement" eine geeignete stadtplanerische Antwort auf diese Herausforderung? In: *SWS-Rundschau* (42(1)), S. 122–138, zuletzt geprüft am 05.02.2019.

Kirchhoff, Renate (o.J.): Dozierende. Prof. Dr. habil. Thomas Klie. Hg. v. Evangelische Hochschule Freiburg. o.O. Online verfügbar unter https://www.eh-freiburg.de/personen/prof-dr-habil-thomas-klie/, zuletzt geprüft am 05.02.2019.

Klie, Thomas (2012): Rahmenbedingungen quartiersbezogener Strategien für ein Leben im "pflegebedürftigen Alter". In: Susanne Kümpers und Josefine Heusinger (Hg.): Autonomie trotz Armut und Pflegebedarf? : Altern unter Bedingungen von Marginalisierung. Bern: Huber, S. 123–134.

Quartiersmanagement Körnerpark (Hrsg.) (2015): 10 Jahre Quartiersmanagement Körnerpark. Mieterberatung Prenzlauer Berg GmbH. Berlin. Online verfügbar unter https://digital.zlb.de/viewer/rest/image/16353735/broschuere_10_jahre_qm_koernerpark_web .pdf/full/max/0/broschuere_10_jahre_qm_koernerpark_web.pdf, zuletzt geprüft am 05.02.2019.

Statistisches Bundesamt (Hrsg.) (2008): Pflegestatlstik 2007. Pflege im Rahmen der Pflege-versicherung Deutschlandergebnisse. Hg. v. Statistisches Bundesamt. Wiesbaden. Online verfügbar unter https://www.destatis.de/DE/Publikationen/Thematisch/Gesundheit/Pflege/PflegeKreisvergleich5224103079004.pdf?__blob=publicationFile, zuletzt geprüft am 05.02.2019.

Statistisches Bundesamt (Hrsg.) (2015): Bevölkerung Deutschlands bis 2060. 13. koordinierte Bevölkerungsvorausberechnung. Wiesbaden. Online verfügbar unter https://www.destatis.de/DE/Publikationen/Thematisch/Bevoelkerung/VorausberechnungBevoelkerung/BevoelkerungDeutschland2060Presse5124204159004.pdf?__blob=publicationFile, zuletzt geprüft am 05.02.2019.

Statistisches Bundesamt (Hrsg.) (2018): Pflegestatistik 2017. Pflege im Rahmen der Pflege-versicherung Deutschlandergebnisse. Hg. v. Statistisches Bundesamt. Online verfügbar unter https://www.destatis.de/DE/Publikationen/Thematisch/Gesundheit/Pflege/PflegeDeutschlandergebnisse5224001179004.pdf?__blob=publicationFile, zuletzt geprüft am 05.02.2019.